动物原来这么酷

探险为什么真的很酷？

〔英〕马特·罗伯森 / 著·绘　曾 意 / 译

山东友谊出版社·济南

你喜欢探险吗？

从高耸入云的雪峰，到深不可测的海底……

无论在什么样的环境里，我们都可以看到动物的身影：像公共汽车那么长的蛇，活了400多年的鱼，还有长得像便便的海洋动物……我们仍然在不断地发现新物种。走吧，让我们一起——

开启动物探险之旅吧！

一起去探险，你准备好了吗？

🦋 去非洲大草原和长颈鹿一起旅行。

🦋 到青藏高原和岩羊一起遛个弯儿。

🦋 漫步在雨林中，和树上的大猩猩打个招呼。

🦋 穿过波涛汹涌的大海，去海岛上看看。

🦋 小心哟，丛林里有狼和袋熊！

🦋 和海象一起畅游北极。

🦋 前面就是沙漠了，小心那里的荆棘丛！

🦋 跳进大海，与章鱼搏斗！

🦋 深夜，有小动物在嚎叫，它是谁？

🦋 你认识哪些奇怪的动物？它们是不是很酷哇？

🦋 有没有动物遇到了困难？让我们帮帮它！

大草原,我们来啦!

迎面走来一大群犀牛、斑马和长颈鹿!

在非洲大草原,你可以轻轻松松地找到这三种植食性动物。全世界有很多草原,非洲的稀树草原就是其中一种,那里生活着很多植食性动物。但是,有植食性动物的地方,就一定少不了危险的肉食性动物!

当心,狮子可能就埋伏在附近!

非洲的稀树草原

1.每年雨季,草原上会下起暴雨。雨水浸润土地,植物长出嫩叶,动物们就不怕饿肚子了。

好了,我们要出发啦!别掉队哟!

非洲象

它们是地球上现存的最大陆生动物,每天都要花16个小时来吃东西。

走啦,再见!

6.雨季来临,它们又会回来,年复一年。

斑 马

斑马为什么有条纹,科学家们也没有定论。

长颈鹿

长颈鹿是陆地上最高的哺乳动物。

5.旱季到来,动物们便离开这片土地去寻找水源。

2.动物们的便便不仅是植物生长的肥料,还是蜣螂等虫子的食物。

黑犀

千万别招惹黑犀!它们感受到威胁时,会猛冲过去把对方撞飞。

瞪羚

好大一群瞪羚啊,真壮观!瞪羚是群居动物。

蜣螂

蜣螂俗称屎壳郎,它们是地球上的"粪球大力士"!

3.肉食性动物靠捕猎为生,猎物就是它们的食物。

狮子

在狮子家族中,大多是母狮出门捕猎。

斑鬣(liè)狗

斑鬣狗有时候会成群出动,去捕食体形比它们大的动物。

4.斑鬣狗等食腐动物会吃其他动物的"剩饭"。它们的存在能够有效防止病毒的滋生和传播。

其他草原动物

袋鼠

袋鼠和树袋熊都是有袋类动物。

美洲野牛

它们是北美洲最大的哺乳动物。

大草原真是太棒啦!

大食蚁兽

大食蚁兽每天要吃掉3万多只蚂蚁。

山地探险

跟雪豹玩捉迷藏? 谁出的馊主意?

即使是在世界上海拔最高的地方,你也能看到各种各样的动物。它们有的在山间漫步,有的躲在茂密的丛林里,个个都是"伪装高手"。

睁大双眼,看看能不能发现它们!

羊驼

印加人饲养羊驼来获取优质的羊驼毛。

岩羊实在太美味了!

天上有什么?

向天上看,说不定你能看到金雕呢! 它们捕捉狐狸、老鼠和野兔。

岩羊

雪豹

雪豹有厚厚的皮毛,上面布满了斑点,它们是天生的"伪装大师"。宽大的脚掌让它们在雪地里行走自如。你知道吗,大型猫科动物中只有雪豹既不会咆哮,也不会发出咕噜声。

嘘,雪豹很喜欢吃岩羊。

大熊猫

大熊猫是中国的国宝，它们生活在中国四川西部和北部、甘肃南部、陕西西南部的竹林里。竹子是它们的最爱，它们每天有一半的时间都在吃竹子！

哇，竹子真是太美味啦！

阿拉斯加棕熊

阿拉斯加棕熊会用长长的利爪捕食鲑鱼。每年8月，它们每天最多会吃掉40千克食物，为冬眠做准备。

谢谢！

山地大猩猩

这些大猩猩体形庞大，生活在非洲中部地区的山地丛林中。灵长类动物学家、生态环境保护者和探险家戴安·弗西将她的一生都投入到大猩猩的研究中。通过她的研究，我们才对大猩猩有了这么多的了解。感谢她！

喜马拉雅旱獭 (tǎ)

喜马拉雅旱獭为了躲避天敌，会在土里挖洞安家。

神秘雨林

哇，这里有好多野生动物！

在非洲、亚洲和大洋洲，对了，还有北美洲和南美洲，都有雨林分布。雨林是动物们的乐土：亚马孙雨林中有矮小的狨（róng），刚果雨林中有高大的非洲象……野生动物学家们一直致力于在雨林里发现新物种。

当心哟！有些动物真的很吓人！

五彩金刚鹦鹉

紫蓝金刚鹦鹉

巨嘴鸟

蜘蛛猴
蜘蛛猴细长的四肢很像蜘蛛，因而得名。

狨是群居动物，每个狨群有8~10只狨。

小声点儿，别吵到我们！

吼——

吼猴是陆地上嗓门最大的动物，它们的叫声能传到几千米之外！

吱——吱

长臂猿
长臂猿通过叫声和同伴进行交流。

雨林树冠
雨林中的树长得很高。树梢枝叶茂密，看起来就像像树的帽子一样，所以被称为树冠。许多猴子和猩猩喜欢藏在树冠里面。

箭毒蛙

不要小瞧这只蹦来蹦去的蓝色小不点儿，它可是世界上最毒的两栖动物！

绿森蚺（rán）

最长的绿森蚺和公共汽车一样长！

蜂鸟

蜂鸟是世界上最小的鸟。它们扇动翅膀会发出嗡嗡的声音，所以被称作蜂鸟。

环境保护者们正在努力保护雨林，阻止滥砍滥伐。

爱护雨林，保护地球！

亚马孙巨人食鸟蛛

猩猩

猩猩是类人猿，和人类基因高度相似。

雨林里的一棵树上可能栖息着多达5000只小动物哟！

你好！

这些动物都是"伪装大师"，你找到它们了吗？

螳螂

变色龙

巨型叶尾壁虎

美洲豹

雨林地表

雨林的地面表层一片黑暗，看起来不适合植物生长，但实际上植物种类丰富。

蕨类植物

苔藓

卡尔佩珀岛

沃尔夫岛

伊莎贝拉岛

鲸鲨

沃尔夫火山

加岛环企鹅

爽啊！

达尔文火山

阿尔塞多火山

费尔南迪纳岛

谢拉·内格拉火山

喂，别咬我！

塞罗·阿苏尔火山

平塔岛

登岛啦！

快看，有小岛！就在那儿！

岛屿的形状千奇百怪，大的、小的、长条形的、心形的……地球上有成千上万的岛屿，每一个岛都有独立的生态系统，上面生活着各种动物。睁大眼睛，去领略岛屿的神奇。

欢迎来到科隆群岛！

加拉帕戈斯象龟

这种象龟寿命很长，一般可以活200年！

蓝脚鲣（jiān）鸟

圣地亚哥岛

拉维达岛

平松岛

熔岩蜥蜴

熔岩蜥蜴是科隆群岛上最常见的动物之一。它们和其他种类的蜥蜴一样，尾巴被咬掉了还可以重新长出来。

科隆群岛

这个美丽的太平洋群岛临近南美洲西海岸，由13个主要岛屿和若干岩礁组成。这些岛屿和岩礁由海底火山喷发的熔岩凝固而成。准备好了吗？来，开始我们奇妙的动物探险之旅吧！

蝠鲼（fèn）

加拉帕戈斯群岛海狮

雌性加拉帕戈斯群岛海狮是"游泳健将"，它们从小就比雄性海狮更喜欢潜水，游泳离开家的距离也更远。

马切纳岛

赫诺韦萨岛

加岛信天翁

它们是岛上最大的鸟！

来呀，你抓不到我的！

海鬣蜥

海鬣蜥是唯一能适应海洋生活的蜥蜴。它们经常在海里游来游去寻找食物。它们打喷嚏时，会喷出白色的盐末。

巴尔特拉岛

阿嚏！

圣克鲁斯岛

圣菲岛

灭绝的渡渡鸟

很久以前，在毛里求斯，曾经有一种跟加岛信天翁体形差不多的鸟，叫作渡渡鸟。它们看起来怪模怪样的。有人认为，渡渡鸟只是一个传说。事实上，因为人类的大肆捕杀，渡渡鸟在几百年前就已经灭绝了。

你说谁怪模怪样？！

北美黄林莺

圣克里斯托瓦尔岛

红石蟹

红石蟹又名莎莉轻脚蟹，是以一位著名舞蹈家的名字来命名的。

军舰鸟

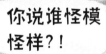

西班牙岛

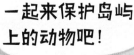

一起来保护岛屿上的动物吧！

弗雷里安纳岛

向森林前进

如果你走进大森林……

准备好了吗？森林里不仅有松鼠、兔子和鸟，还有大黑熊和嚎叫的饿狼。看，那儿有一只啄木鸟！地球上31%的陆地被森林覆盖，也就是说，地球上到处都可以找到奇妙的森林动物。

快快穿好雨靴，咱们一起出发吧！

北美黑啄木鸟

北美红
是世界上最
的树之一。

知更鸟

大山雀

白桦

欧洲红橡树

红 狼

红狼通过嚎叫与同伴交流。你知道吗，世界上所有的狗都是狼的亲戚。

松 鼠

松鼠会将橡树种子作为食物埋在地里储存起来。有的种子被它们遗忘在地里，长成了参天大树。

奇特的虫虫

森林里有超多种类的虫虫，你能认出几种呢？

就连我也是哟！

冰雪世界等你来！
天哪，这里太冷了！

你敢去世界上最冷的地方吗？在这么寒冷的条件下，优秀的极地探险家们仍然能在寒风中找到极点的位置。极地也有动物，它们经过数百万年的进化，才适应了恶劣的环境。

赶紧再多穿几条裤子，不然你会被冻成"冰棍儿"哟！

北极狐

在冬天，北极狐的毛是雪白的；而到了夏天，为了适应环境，它们的毛就会变成褐色或灰色的。

北极点

你好，北极熊！

又来了一名想来北极点的探险者！南北两极的冰层正在融化了！

帽子　围巾　御寒手套　滑雪护目镜　登山手杖

贼鸥　信天翁

著名的南极探险家

伟大的挪威探险家罗尔德·阿蒙森，以及与他竞争的英国探险家罗伯特·斯科特，为历史翻开了崭新的一页。1911年12月，阿蒙森率领他的团队乘坐雪橇，第一个到达了南极点。可惜，斯科特探险家却因为迷路，而错失良机，成为第二个到达南极点的人。

极地探险家

海 象

海象有两颗长长的牙齿，可以用来凿开海面上厚厚的冰层。

极低气温

北极的最低气温可达零下70摄氏度。

北极熊

北极熊的毛是透明中空的，只是在阳光的照射下看起来像是白色的。它们可以嗅到3千米外的猎物的气味。

北极光

我是"海洋独角兽"——一角鲸！

一角鲸

一角鲸头上顶着一把"剑"，那其实是它们的牙齿啦！

不！

环斑海豹

它们是北极熊的猎物。

北极熊妈妈会用冰雪给宝宝搭建巢穴。

企鹅

地球上有18种企鹅，其中帝企鹅体形最大，堪称"企鹅之王"，身高可达1.2米。

在鹅妈妈外出觅食时，企鹅爸爸会孵蛋。

你不该来北极！

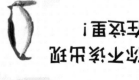

南极洲

南极洲覆盖着厚厚的冰雪，这里是地球上最冷的地方。

大王酸浆鱿

大王酸浆鱿是海里最重的动物，可以长到10米长。

大王酸浆鱿是世界上眼睛最大的动物之一。

下一站——大沙漠

遇见蛇、蝎子、蜘蛛、蜥蜴……

来到沙漠就意味着时不时会碰到一些擅长钻来钻去的动物。为了躲避炎炎烈日，它们会藏在沙子里，但有时候也会冒出头来。你知道吗，南极也被称为"白色沙漠"，因为那里和沙漠一样，也很少下雨。领略过极地的冰天雪地，现在让我们来看看真正的沙漠吧！

戴好遮阳帽，出发！

正确：√ 错误：✗

沙漠探险装备

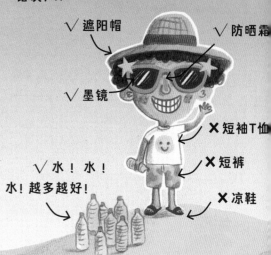

- √ 遮阳帽
- √ 防晒霜
- √ 墨镜
- ✗ 短袖T恤
- ✗ 短裤
- √ 水！水！水！越多越好！
- ✗ 凉鞋

想想看：去沙漠应该穿什么才合适呢？

角 蝰（kuí）

在这里，每走一步都要小心翼翼，因为脚下的沙子里可能就藏着一条角蝰，你肯定不想被它咬上一口。科学家们发现，角蝰头上的角能够保护眼睛免受阳光刺激。

以色列金蝎

以色列金蝎是世界上毒的蝎子之一。

奇怪的澳洲魔蜥

澳大利亚中部和南部地区有一种蜥蜴身上长满尖刺，叫作澳洲魔蜥。它们的尖刺令捕食者敬而远之。澳洲魔蜥还会用脚"喝水"！

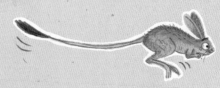

渴死我了！

跳鼠长有长长的后肢，遇到危险可以迅速逃跑

跳 鼠

跳鼠生活在欧洲、亚洲及非洲北部。它们的听觉十分灵敏，可以迅速捕捉天敌的动向。看哪，它们的耳朵一动一动的！

撒哈拉沙漠

世界上到处都有沙漠，最有名的是北非的撒哈拉沙漠。撒哈拉沙漠是世界上最大、最炎热的沙漠，夏天平均气温超过40摄氏度。

千年前的沙漠

几千年前的撒哈拉沙漠完全是另外一副模样：雨水充沛，草原广阔，长颈鹿、狮子和犀牛等动物在这里自由自在地生活。

太热了！

睫毛帮我遮挡风沙。

骆驼蜘蛛

骆驼蜘蛛又名风蝎，但它们既不是蜘蛛，也不是蝎子，而是一种有别于蜘蛛的避日蛛。

沙漠里不只有沙丘，还有可爱的我！

非洲鸵鸟

非洲鸵鸟是世界上最大的鸟类，不过，它们根本不会飞！

单峰驼

撒哈拉地区的骆驼是单峰驼，驼峰里储存着脂肪。没有食物的时候，脂肪就转化成能量，这样骆驼才能在沙漠严苛的环境里生存下来。

沙 鼠

海豚

浩瀚的大海

哗啦啦！海浪下面有什么秘密？

你知道吗，地球表面约71%的面积都被海洋覆盖。大海里有外形奇特的水滴鱼、美丽优雅的天使鱼，还有许许多多未知的动物在等着我们去发现。事实上，人类已经探索过的区域只能占到整个海洋的5%，也就是说，人类的海洋探索之路还很长很长……

深吸一口气，咱们出发吧！

鳕鱼

黄尾副刺尾鱼

珊 瑚

珊瑚绚丽的色彩实际上是珊瑚虫体内共生藻的颜色。这些藻类进行光合作用时会呈现出不同的颜色，很漂亮！

海参长得有点儿像便便，真奇怪！

海龟

鹦嘴鱼

再暗我也看得见！

海星

哇！

鲣鸟

银鸥

珊瑚丛里有什么？

河豚

天使鱼

螃蟹

鳐（yáo）鱼

小丑鱼

海绵

海马

狮子鱼

海鳗

大白鲨

大白鲨有小型公共汽车那么长。

翻车鲀（tún）

翻车鲀刚出生时只有2毫米左右，成年后最大可长到5.3米，体重超过2吨！

深海

海洋深处一片漆黑，这里生活着许多会发光的动物。

箱水母

它们是世界上毒性最强的动物之一。

> 大海真是深不可测！

鮟鱇（ān kāng）鱼

雅克·皮卡德和唐·沃尔什是世界上最早到达马里亚纳海沟底部的探险家。如果哪天你也能潜到海洋最深处，你可能会见到世界上最长的动物——管水母。

章 鱼

章鱼应该是地球上最奇特的动物了！它们长得像想象中的外星人。它们的血液是蓝色的，每条触手上都有一个"大脑"！

> 那它们一定很聪明！

最长寿的鱼

格陵兰睡鲨是地球上寿命最长的鱼。

> 祝你400岁生日快乐！

小飞象章鱼

马里亚纳海沟

这里是海洋的最深处，它的深度相当于33个埃菲尔铁塔叠在一起的高度。到目前为止，只有4个人潜到过这个海沟底部！

夜幕降临

快看，谁还没睡觉？

前面都是白天行动，这次就让我们晚上出发吧！繁星闪烁，你缩在被窝里安然入梦的时候，一些小动物趁着夜色玩得可开心啦！别的动物白天出来活动，而它们则是一到晚上就上蹿下跳、大声尖叫、呼朋引伴，好不热闹！

拿上手电筒，咱们去看看有哪些动物大晚上不肯好好睡觉！

月神蛾

成年月神蛾没有嘴巴！

> 我不吃！

萤火虫

獾（huān）

獾是群居动物，常常住在地下的巢穴里。

小斑獴（pú）

这种动物长得像猫，有长长的尾巴。它们极其敏捷，在树上和地面上都能捕食。

你说谁懒呢？！

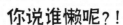

倭蜂猴

倭蜂猴又名小懒猴，它们的体形比较小。这种灵长目动物胳膊肘内侧的腺体会分泌毒素。它们梳理毛发时，毒素会附着在毛发上。受到攻击时，它们就会滚成球形，只留下有毒的皮毛在外面。

狐蝠

狐蝠是世界上最大的蝙蝠，它们的体长可达25厘米。

啊——

噢—— 噢——

仓鸮（xiāo）

仓鸮可以一口将猎物吞下去！它们的叫声非常尖锐。

咚 咚！

蜜袋鼯（wú）

借助身体两侧的翼膜，蜜袋鼯可以滑翔很远的距离。

蝉

指猴

指猴经常用长长的中指敲击树皮，判断有无空洞，然后贴耳细听，如果有虫子的话，就用门牙把树皮咬一个洞，再用中指将虫抠出。

几维鸟

几维鸟不会飞。它们的鼻孔长在长长的嘴尖上，因此嗅觉十分灵敏。

小菜一碟！

浣熊

乍一看还以为浣熊戴着面具呢！它们非常聪明，还会用爪子拧开瓶盖呢！

蝾螈

栖息地： 水坑、池塘、湖泊、稻田

体形： 长10~15厘米

蝾螈的某些身体部位可以再生，如手臂、大脑和心脏！

鹅卵石蟾蜍

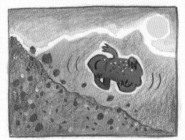

栖息地： 山地、高原

体形： 长3厘米左右

它们可以把自己蜷缩成球形，然后像鹅卵石一样滚动起来。

奇怪的小动物

猜猜看，接下来我们会看到什么样的动物呢。

在接下来的探险中，一定要睁大双眼，竖起耳朵，打开超声波记录仪，做好准备！

这个世界上到处都有奇奇怪怪的动物。遗憾的是，本书的篇幅有限，如果要一一介绍，这么几页书是远远不够的。所以，这里只介绍一些**最奇特、最稀罕的动物**。

这些动物你认识吗？

粉精灵犰狳(qiú yú)

栖息地： 草原、沙漠

体形： 长可达11厘米

粉精灵犰狳的背甲上布满血管，所以它们的外壳看起来是粉红色的。

霍㹢狓(huò jiā pí)

栖息地：热带雨林
体形：长可达2.5米
它们是长颈鹿的亲戚！

长鼻猴

栖息地：沿海低地森林
体形：高可达70厘米
所有灵长目动物中，这种猴子的鼻子是最长的。

欧氏尖吻鲛

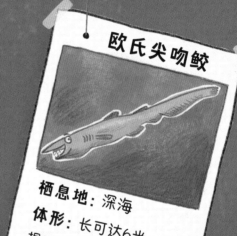

栖息地：深海
体形：长可达6米
据说，这种鲨鱼数亿年前就诞生了，可谓是"动物界的活化石"。

鲸头鹳

栖息地：湿地、湖泊
体形：高约1.2米
这种鸟儿会用巨喙叼食小鳄鱼。

鸭嘴兽

栖息地：河流
体形：长40~50厘米
地球上仅有两种卵生哺乳动物，鸭嘴兽是其中之一。

好神奇呀！

濒危动物

这些动物需要人类的帮助！

动物探险家的职责除了寻找动物，还有保护动物。世界各地的探险家们都在思考如何更好地保护濒危动物。他们一边想办法阻止偷猎行为，一边研究如何让动物更好地生存繁衍。

保护动物，需要你我的帮助！

别再砍树了，那是我的家！

苏门答腊猩猩

极度濒危

分布地区：印度尼西亚苏门答腊岛
它们可以用脚抓取食物。

这些珍稀动物，你认识几种？

缨冠蜂鸟

濒危

分布地区：北美洲、南美洲
蜂鸟是世界上最小的鸟。

华南虎

极度濒危

分布地区：中国
华南虎是世界十大极度濒危动物之首。

鹤 鸵

濒危

分布地区：澳大利亚、印度尼西亚

它们是长相最接近恐龙的现存鸟类，也是最危险的鸟类之一。

请帮助我们，不要网住我们！

加湾鼠海豚

极度濒危

分布地区：墨西哥加利福尼亚湾

加湾鼠海豚是最小的鲸豚。

中南大羚

极度濒危

分布地区：越南和老挝

中南大羚又被称为"亚洲独角兽"。

请劝劝偷猎者放过我们吧！

黑 犀

极度濒危

分布地区：非洲

它们名叫黑犀，但身体的颜色实际上更接近灰白色。

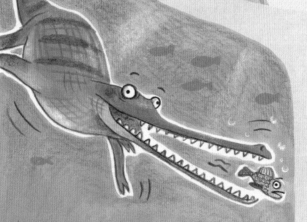

恒河鳄

极度濒危

分布地区：恒河流域

它们是世界上最大的鳄鱼之一。

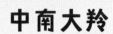

你也能帮助我们！

喜马拉雅蜜蜂

濒危

分布地区：中国西藏南部和云南西北部

蜂后只能存活5年。